小学童 探索百科博物馆系列

奔驰的骏马

小学童探索百科编委会·著

探索百科插画组·绘

北京日报出版社

目 录

智慧汉字馆

百科问答馆

探索新奇馆

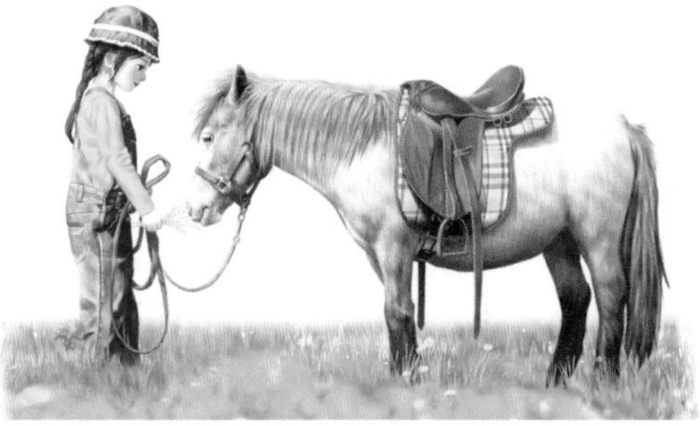

小小的学童，大大的世界，让我们一起来探索吧！

我们是探索小分队，将陪伴小朋友们
一起踏上探索之旅。

我是爱提问的
汪宝

我是爱动脑筋的
咪宝

我是无所不知的
龙博士

mǎ
马
象形字

“马”字的来历

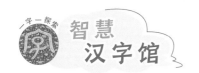

马是我国古代的六种家畜（简称“六畜”）之一，它们身高体壮，四肢强健，善于奔跑。马在被人类驯化后，最初主要用来运输拉货、牵引耕作，后来又用来乘骑、征战等，对人类的贡献非常大。

“马”是一个象形字。甲骨文的“马”字就像是一匹侧面站立的马形，字形上部是圆圆的眼睛和长长的脸，中部是方形的身体和修长的四肢，而且马体背部还有 3 根马鬃，下部是长长的尾巴。后来，随着文字的演变和笔画的规整，“马”字也渐渐失去了象形的感觉，看不出马形了。“马”的本义是家畜名，因在家畜中体形较大，所以又引申为大的意思，如组词“马勺”“马蜂”等。

世界上的马可分为家马和野马，现在家马的品种达到数百个：它们有的耐力强，能拉车；有的速度快，善奔跑；有的身体强壮，可负重……人类可以利用不同特点的马为我们做事。

汉字小课堂

在汉语中，“龙马”一词最初是神话传说中一种龙头马身的神兽，后被用来指奔跑如龙飞的骏马，而“龙马精神”则形容人健旺非凡的精神状态，常作为给老年人的祝词。“千里马”原指日行千里、不可多得的宝马，后来也用于比喻有才华、难得一见的人才，尤其是年少有为的人。

汉字演变

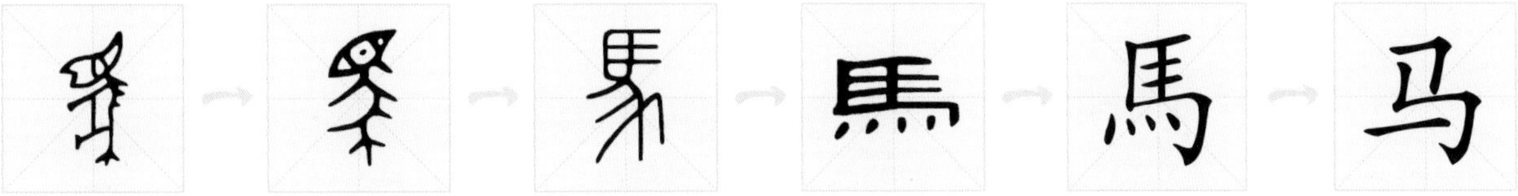

甲骨文　金文　小篆　隶书　楷书（繁）　楷书（简）

刚健有力，英姿勃勃

铁蹄声声，驰骋万里

我就是帅帅的

骏马

马的身体有什么特点?

马，身形高大优雅，肌肉发达，四肢强健，奔跑起来如风似电，充满野性和激情。现在，我们就来好好了解它们吧。

马耳 可以大角度灵活旋转，能听到各种微小的声音。

头部 头面平直而长，口鼻部狭长，向前突出。

眼和鼻 眼睛大而明亮，位于头部两侧，视野开阔，但立体视觉一般。鼻孔大，由软骨围成，舒张自如，嗅觉十分发达。

马蹄 单蹄，蹄质坚硬，能在坚硬的地面上飞速奔驰。

（正常马）（小矮马）

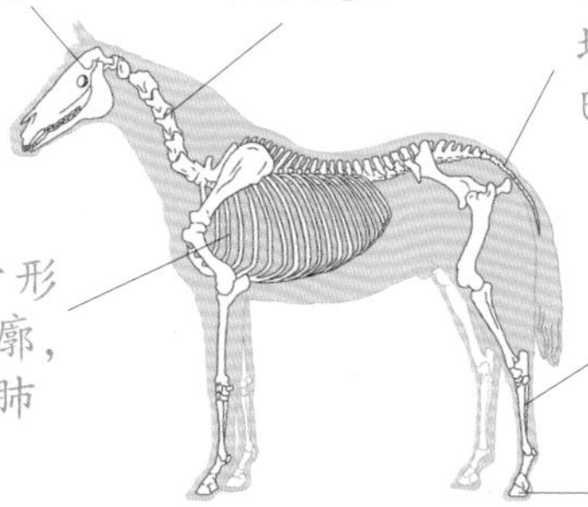

头骨长而窄，前端变尖
颈椎骨 7 块，十分灵活
脊椎骨延长的部分，由 15~25 块尾骨构成尾巴根部
肋骨和胸骨形成牢固的胸廓，保护着心和肺
四肢骨骼长而结实
1 根粗大的趾骨，外包坚硬的蹄甲

马的骨骼示意图

鬃毛 从额头沿脖颈至肩胛 (jiǎ) 部长着长毛，起防止蚊虫叮咬的作用。

皮毛 全身披有短而均匀的毛，毛色多样，皮肤汗腺发达，春、秋两季各换毛一次。

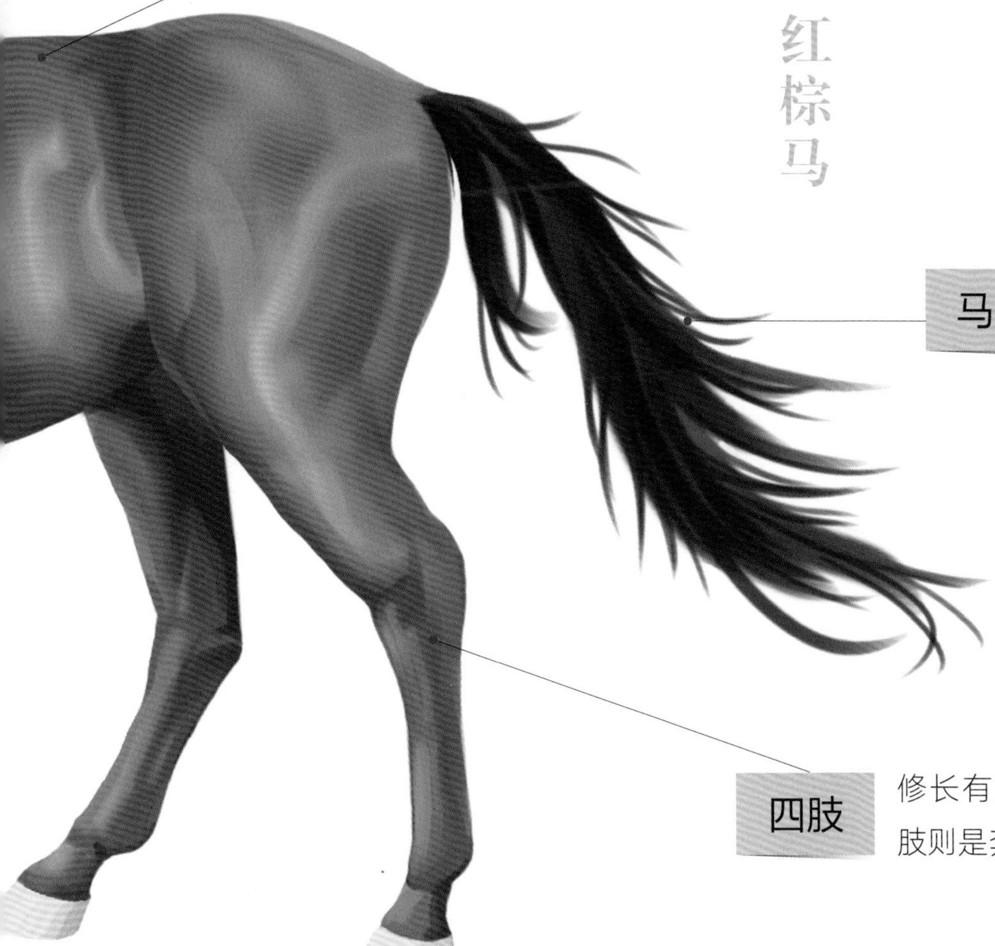

红棕马

马尾 很长，可以在运动时起平衡作用，还能驱赶蚊虫。

四肢 修长有力，前肢承重较多，后肢则是奔跑的动力来源。

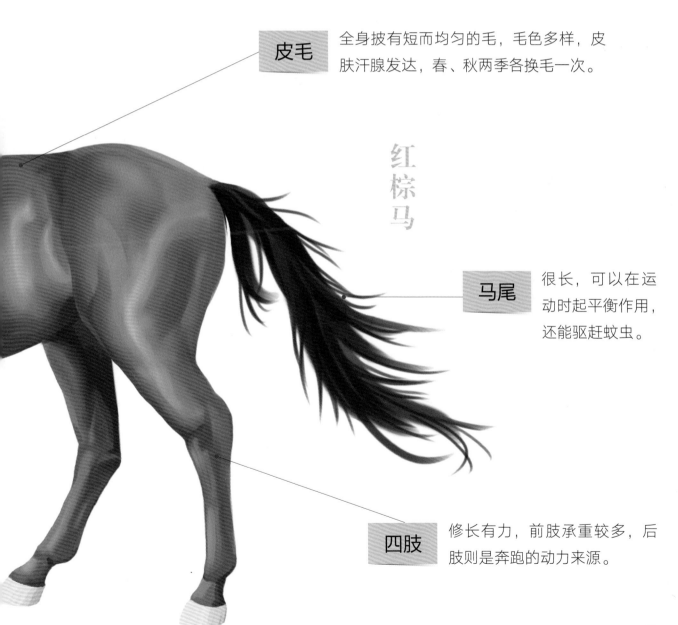

最早的马是什么样子？现在的马是怎么进化而来的呢？

目前，我们所知道的最早的马是美洲的始祖马。它们的前肢有 4 根脚趾，后肢有 3 根脚趾，牙齿小且牙冠低，生活在原始的森林树丛中，以嫩叶和嫩芽为食。

后来，随着环境和气候的变化，美洲大部分森林逐渐退化成了草原，始祖马也慢慢地演化成了草原动物：它们的牙齿变大且牙冠变高，适合取食粗硬的草类；四肢的多根脚趾渐渐退化，最后只留下一根粗壮发达的脚趾；脖子变长，体形变大……就这样，始祖马最后演变成了在草原和荒漠中奔跑如风的现代马了。

马的进化及其脚趾的变化过程

现代马

现代马的单蹄结构

上新马

最早的单蹄马

约 300 万年 ~1000 万年前。肩高约 115 厘米，体长约 260 厘米。牙齿已接近现代马。拥有发达的听觉、嗅觉和视觉。

草原古马

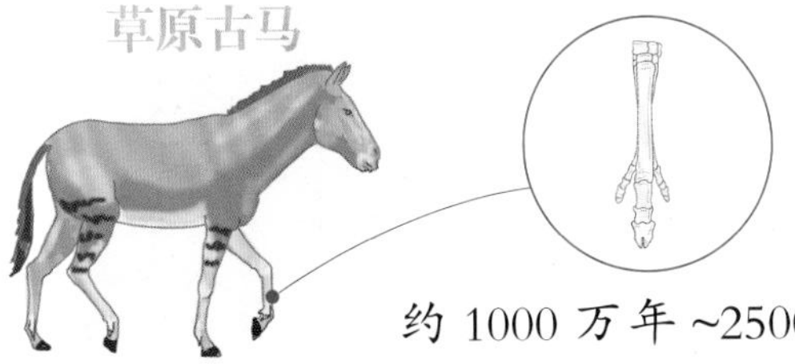

中趾开始变得粗壮发达，而旁侧的两趾则渐渐地萎缩

约 1000 万年 ~2500 万年前。生活在草原上，肩高约 90 厘米。

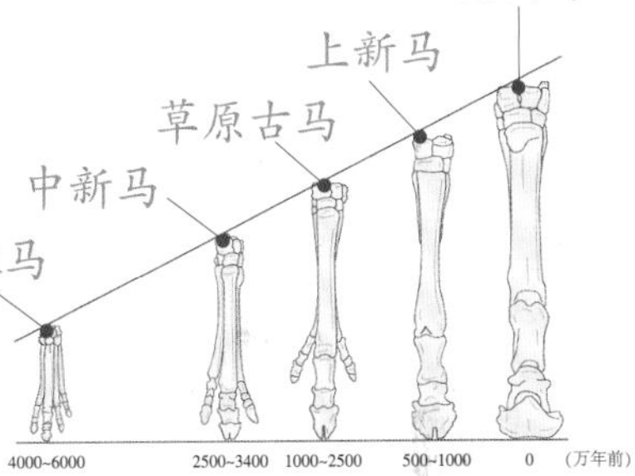

马的前肢骨骼演变过程图

中新马

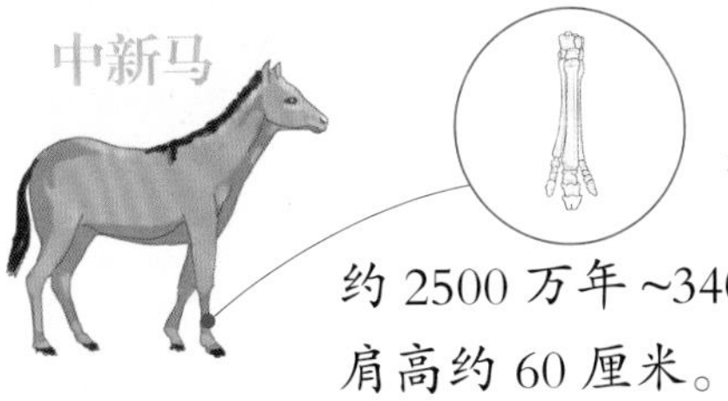

四肢也长了一些，前肢进化成 3 根脚趾

约 2500 万年 ~3400 万年前。肩高约 60 厘米。

探索早知道

目前世界上唯一的野马是生活在我国西北及蒙古国地区的普氏野马，它们与家马的祖先在 3.8~7.2 万年前分化，有可能是最后幸存的野马种群，被称为“马中活化石”。

始祖马

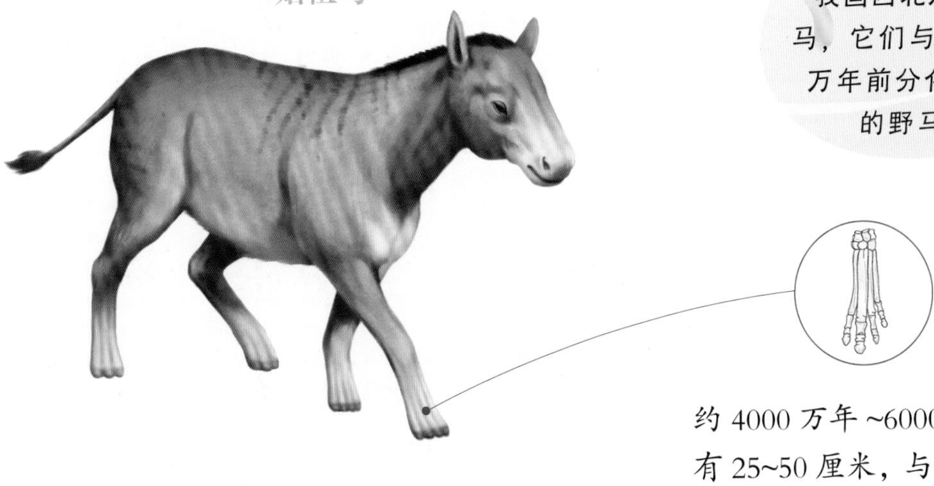

前肢有 4 根脚趾，后肢有 3 根脚趾

约 4000 万年 ~6000 万年前。肩高大约只有 25~50 厘米，与现在的狗差不多大小。

马为什么能跑得这么快?

马之所以善于奔跑，是因为它们有着非常强壮而协调的身体构造。马的四肢修长而敏捷，肌肉、肌腱和韧带都非常发达。马奔跑时，主要是后腿发力，而前腿负责承受落地时的冲击力。马的蹄子完整而坚硬，就像是马脚上的“超级跑鞋”，能让它们在草原和平地上飞速奔跑。马还有着强有力的心脏和巨大的肺，这能给马提供源源不断的能量，让它们跑起来耐力十足。

马在全速奔跑时，
速度可以达到每小时
60 千米。训练有素的蒙
古马，在负重一个成年人
的情况下，可以日行
100 千米左右。

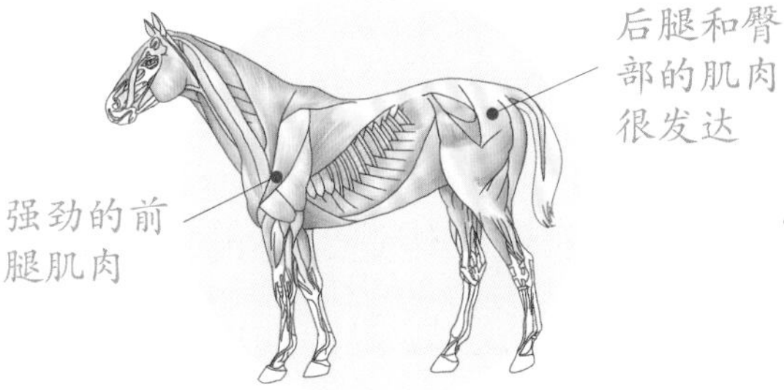

马腿部的肌肉组织非常发达，后腿尤其发达，给它们奔跑提供了很大的动力。

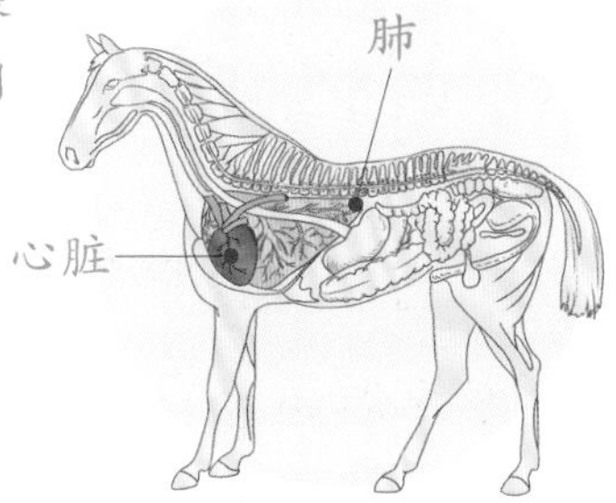

马的速度和耐力依靠的是它们强大的心脏和肺。

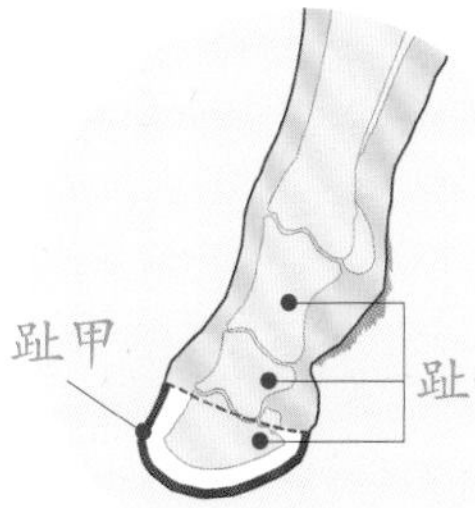

马的蹄部有发达的趾骨，趾端外部由坚硬的趾甲保护，适于奔跑。

马的运动姿态

马最初被驯化是用来骑的吗？它们能帮助人们完成哪些工作呢？

在大约 6000 年前，人类就已开始驯养野马了。最初驯养是因为马能提供肉、奶、皮等生活必需品，后来人们发现马要比狗或牛这些家畜更适合驮运重物。于是，马就开始帮助人们拉犁耕田、驮运东西，后来又拉动车辆，还供人们乘骑打猎或上阵作战，马就这样成了人类不能缺少的好帮手。而在汽车和火车出现之前，马车也一直是人们出行最常用的交通工具。如今，人工饲养的马遍布世界各地，它们品种丰富，作用也各不相同：有的用于提供马奶和马肉，有的用于观赏、比赛或进行马术表演，有的仍然用于运输和驮运……强健有力、体形优雅的马至今仍然备受大家的喜爱。

马起初被用于驮运重物，后来被用来拉车，帮助人类运送货物和进行长途旅行。

古代的骑兵身穿盔甲、手持长矛骑在马上冲锋作战。

马是古代战场上非常重要的作战工具，可以拉动战车，载着手持武器的士兵作战。

现代的马还常用于各种比赛，如竞速、马术等。

赛马和马术比赛是现代体育运动项目，通过比赛可以考验马的勇气、力量、速度以及与骑手的配合技巧。

探索早知道

马术，是由马和骑手共同配合完成一系列动作的体育比赛形式。很早以前，人驾马车的竞速比赛就纳入了古代奥运会，而现代奥运会的马术比赛则包括了障碍赛、三日赛以及盛装舞步等项目，展示了马的力量、速度、敏捷性、服从性以及它们优雅的身姿。

为什么马能成为人类的好朋友？它们真的能听懂主人的话吗？

马之所以能成为人类的好朋友，是因为它们是聪明而有灵性的动物，性情也比较温顺，容易被训练，而且很亲近主人。它们能识别主人的声音，并能理解主人发出的简单指令，如前进、后退、停止等。不过，马并不能真的听懂主人说的词语，只是在不断的训练中形成了记忆——主人用一个固定的口令，结合某一个特定的动作反复教导，这样当它们听到这个口令，就会条件反射地完成相应的动作了。

马能与其他家畜如羊、牛和狗等，成为好朋友，是农场中很受欢迎的大家伙哦。被驯养以及训练的马能听从主人的口令，也能陪伴主人左右，还能干很多活。

家马单独养殖其实是很难的，因为它们天性喜欢群居，即使马主人能常陪伴自己的马，也代替不了它的同类，单独喂养会让它情绪不佳，甚至影响它的身体健康。
我就喜欢自己待着。
我可以陪马玩啊！
我喜欢我的小主人，有了她的陪伴，我就不孤单了。

马群是怎么组成的？小马是怎么成长的呢？

马天性喜欢群居，这源于其祖先野马的生活习性。因为在野外的环境中，只有大家待在一起，才会更安全，也能更有效地应对天敌。马群中也有等级制度，公马会通过争斗，成为马群的首领。马群的主体由母马和马驹组成，成年公马大多不会共同生活在一个群体中。

马在每年的四五月份开始繁育下一代。母马怀孕后，经过大约 11 个月的时间，就会生下一匹可爱的小马驹。小马驹出生不一会儿，就能自己站立起来，晃晃悠悠地迈着细长的腿去找母马吃奶了。母马的奶水对小马驹很重要，因为里面有能抵抗疾病的物质，可以提高小马驹的免疫力。小马驹大约半岁时，就开始跟着妈妈学吃草，到了 10 个月左右，就完全断奶了，以后就像大马一样，完全以草为生了。

家马的成长过程

5~10 岁为青年马，身体已完全发育成熟了。公马之间会彼此打斗，以争夺母马。

1~5 岁为幼龄马，它们在 3~4 岁时就能配马鞍训练了。

10~16 岁为中年马，成熟稳健，承担着保护家庭成员或看护小马驹的责任。

16 岁后的马为老龄马，牙齿开始磨损，消化器官逐渐衰弱，背部下沉，四肢关节容易肿胀。

6 个月前的小马驹以母乳为主，后面开始吃鲜草等食物，10 个月左右时彻底断奶。

小马驹长到六七个月时，母马就会带着它一起奔跑玩耍。它还要跟着母马学习如何识别可以吃的草、寻找道路、跳跃障碍、躲避危险等各种技能。

马的寿命一般在 30 年左右，1 岁的幼龄马相当于人的 6.5 岁，3 岁的幼龄马相当于人的 18 岁，5 岁的青年马相当于人的 24.5 岁，而 13 岁的中年马相当于人的 43.5 岁，30 岁的老年马则相当于人的 85.5 岁。

马的视力好吗？它们的听觉是不是很好呢？

马的眼睛在陆地哺乳动物中是最大的，位于头部两侧，所以马的视野范围接近360°，能看到自己身后的大部分人或物。不过，马眼看到的大部分是平面影像，只有头前方双眼视线交叠的部分才能像我们人类的眼睛那样形成立体影像。靠近额前且位于马头前方处是马的视觉盲点，它们无法看到那里的物体。另外，马眼辨色能力有限，但是对运动中的物体十分敏锐，哪怕是物体影子的移动，都会吓它们一跳。马的听觉十分发达，它们的耳朵可以灵活地四下转动，甚至可以一只朝前，一只朝后，这下四面八方各种细微的声音都逃不过马耳朵啦。马耳还能听到人类听不到的超声波呢。

马的双眼视觉重叠的部分才能形成立体影像，所以马对远处物体的感知更为敏锐。有时它们抬高或倾斜马头，就是为了将近处的物体置于立体视觉的范围内，以便能更好地观察。
你快看……

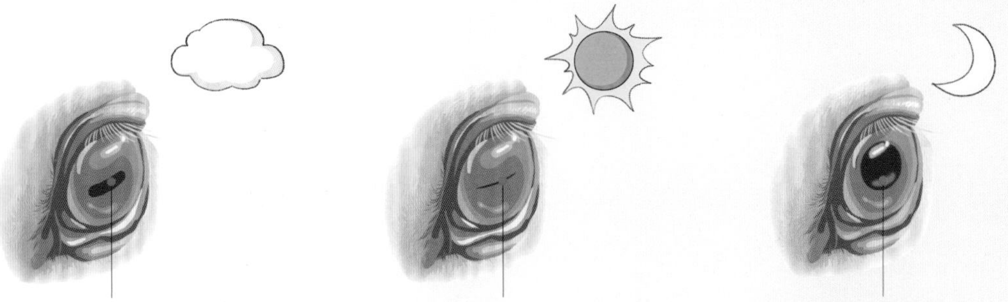

在柔和的光线下，马眼睛的瞳孔就像一粒横放的胶囊

在较强的光线下，马眼睛的瞳孔呈一条横线状

在光线较暗或晚上时，马眼睛的瞳孔呈圆形

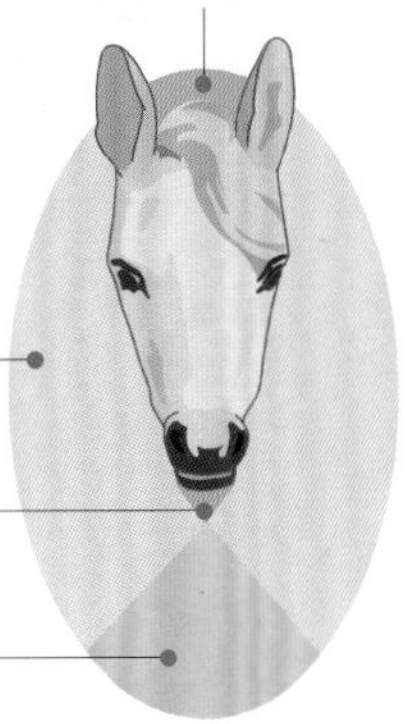

马的双眼视野可达到 330°~350° ，但只有头前方大约 60°~70°的范围内是立体影像，其他都是平面影像。

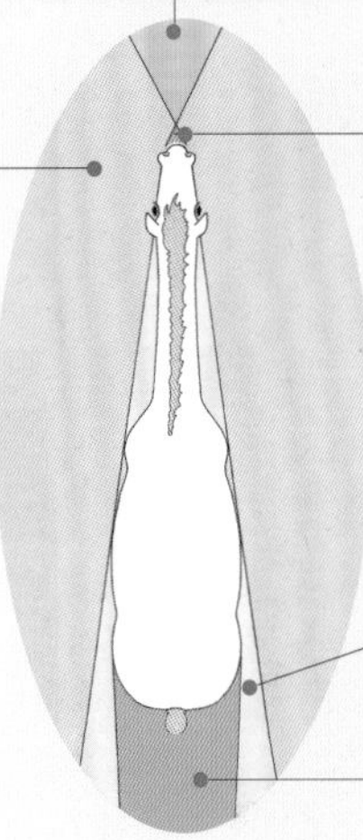

马耳和马眼睛的“语言”

马放松时

两耳朝向前方或侧面，头部微垂，眼睛微闭。

马聆听时

两耳竖立，可一耳朝前一耳朝后，眼睛注视前方。

马警戒时

两耳并立朝前，头部仰起，眼睛瞪大。

马疾驰时

两耳顺着前进的方向倾斜朝后，头部和脖子往前伸长。

马发怒或恐吓对方时

耳向后贴近脑袋，脖子拱起，鼻孔大张，眼睛睁大。

马的鼻子是不是很大？它们的嗅觉灵敏吗？

马的鼻子确实很大，而且发挥着重要作用。马的鼻腔前部是呼吸区，能分泌黏液，可以防止尘土和异物进入鼻腔深处；鼻腔后部上方是嗅觉区，大脑中负责嗅觉的神经末梢就分布在这里，所以马的嗅觉非常灵敏。马的鼻子是马认识世界的重要工具，如果碰到什么没见过的新奇事物，它们都要先用鼻子探查一番。马还可以通过鼻子闻到的气息认出主人、结识同类、寻找食物和道路……真是一个“超级鼻子”啊！

马的两个鼻腔很大，后部分布着负责嗅觉的神经末梢，对气味的记忆很强。马柔软的嘴唇上长着很多触须，这是马最灵敏的感觉器官，可以用来辨识和检查食物，还可以用来与同类或其他生物接触和交流

马天性喜欢群居生活，马群成员之间相处一般都十分和平。它们喜欢互相摩擦鼻子和梳理同伴的毛发来增进感情，还通过各种嘶鸣声来表达不同的意思。

早知道

探索

马有时会打响鼻，这是在排出进入鼻腔的异物，保证呼吸道的畅通，让鼻子更准确地鉴别食物、辨认道路与方向。不过，马受惊时，也会打响鼻，来表达自己紧张的情绪。

马的胆子比较小，视力也不佳，所以容易受到惊吓。在接近马匹时，最好先以柔和的声音向马打招呼，避免它们因惊吓而出现失控状况哦。

你可不要干蠢事！
我想吓一下这匹马。
闻起来真不错！

为什么可以通过牙齿判断马的年龄？

马的牙齿会随着年龄的增长而发生数量和形状上的变化，人们可以根据这些变化大致判断出马的年龄。一般马的牙齿有 36~40 颗，可分为切齿、前臼齿、后臼齿和犬齿 4 种。切齿和前臼齿有乳齿和恒齿之分，小马驹通常出生时就有部分乳齿，随后慢慢长出其他乳齿，到了 2~4 岁时乳齿脱落长出恒齿，而后臼齿是不脱落的。马到 5 岁时牙齿基本全部换完，叫作齐口，这也是马成年的标志。随着日复一日地使用，马的牙齿会逐渐磨损。所以，有经验的人通过观察马牙齿（主要是切齿）的数量、形状、表面凹槽和磨损程度等，就可以判断出这匹马的大概年龄。

公马有 40 颗牙齿，但母马的犬齿不发达，一般不会露出牙床，所以只有 36 颗牙齿。

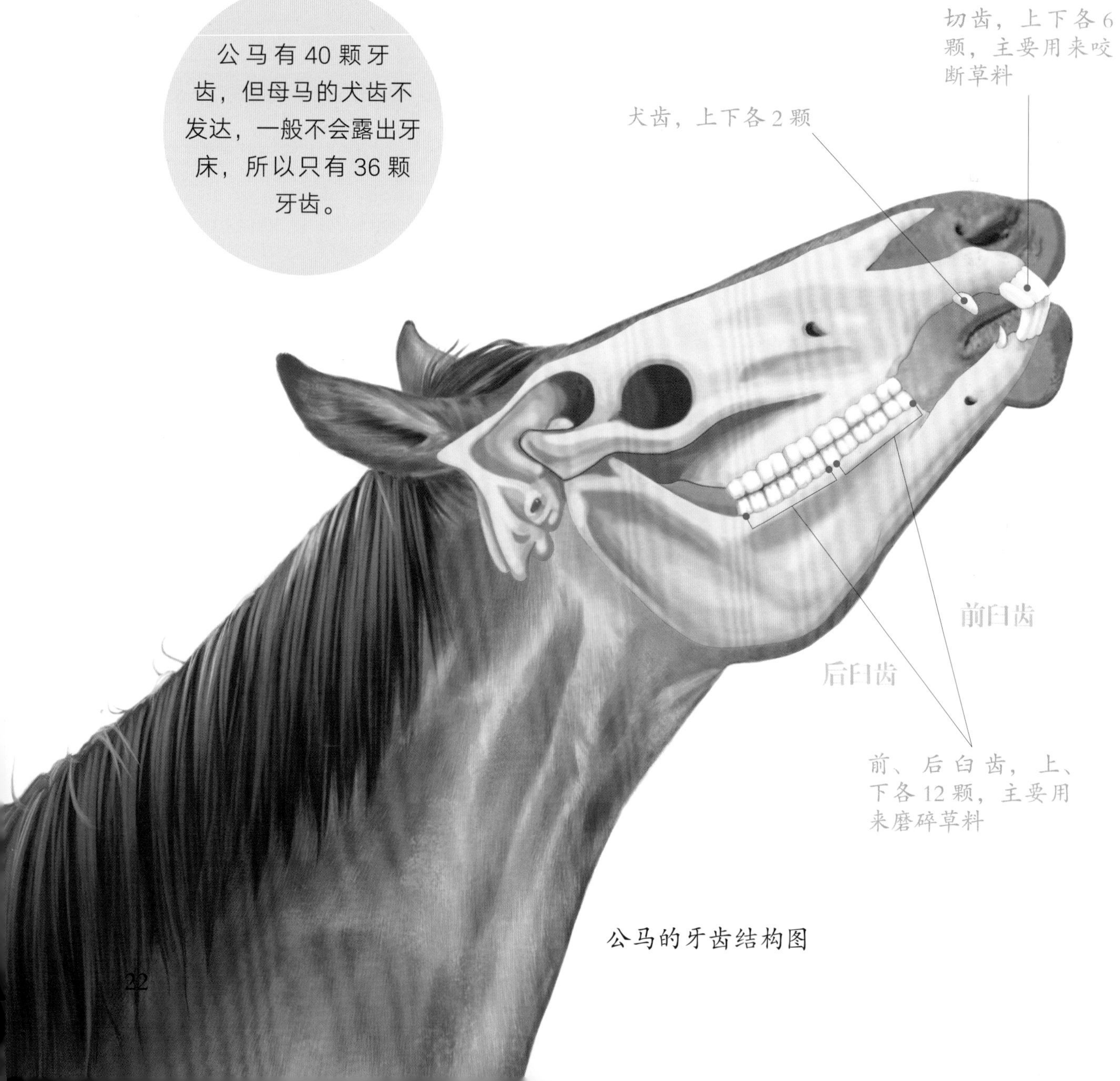

公马的牙齿结构图

马的年龄与切齿变化的关系

有时马的上唇会往上抬高，露出上牙床，仿佛在大笑一样，其实这是马在打呵欠或在嗅闻空气中的味道呢。马的鼻腔内有一个叫“犁鼻器”的部位，可以接收到嗅觉信号。马在嗅气味的时候，会抬起头，卷起上唇，关闭鼻孔，让气味向上传递到鼻腔，以更好地进行分析。

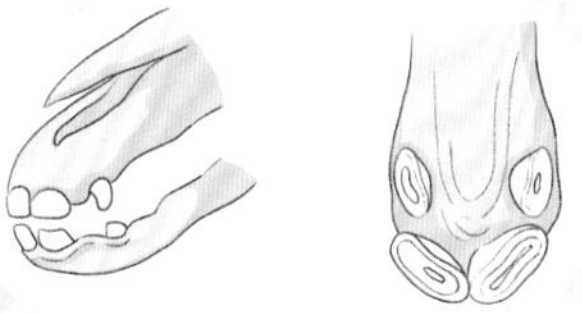

❶ 1~6 个月时的牙齿——小马驹上下颌的乳切齿各长出 4~6 颗。

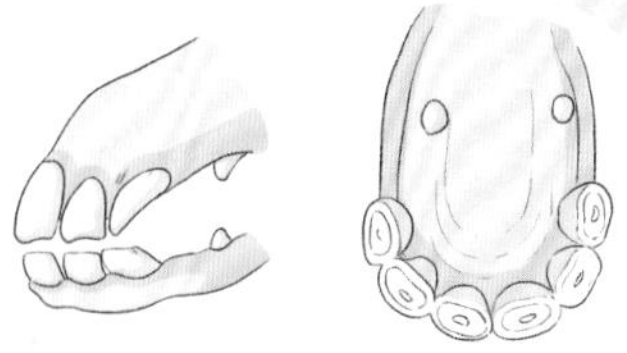

❷ 5 岁时的牙齿——切齿咀嚼面呈横扁形，为平整的椭圆形咬合面。

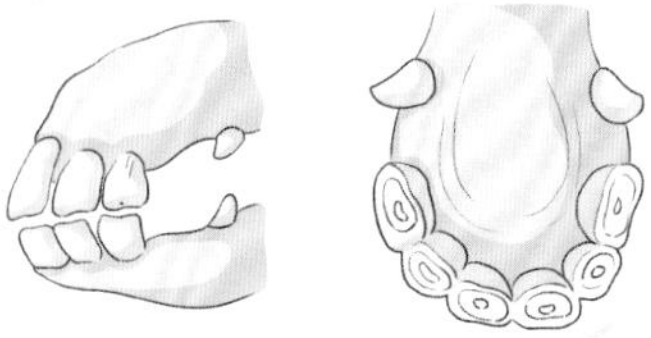

❸ 15 岁时的牙齿——切齿呈圆形咬合面，椭圆形杯状体的牙齿已开始倾斜。

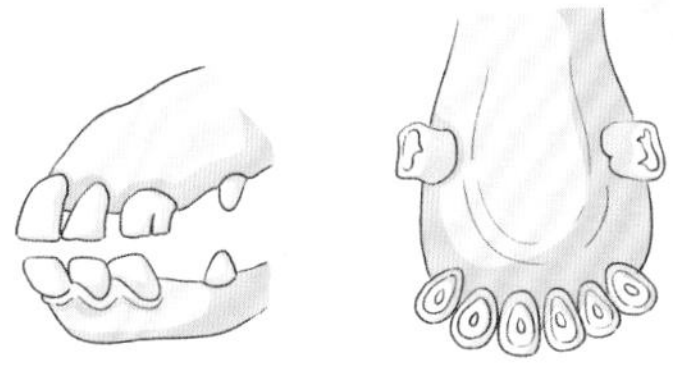

❹ 25 岁后的牙齿——切齿咀嚼面变成三角形，切齿向外突出严重。

呼噜……呼噜……

马并不是一觉睡到天亮的。它们可以随时随地睡觉，一天能睡八九次或更多，加起来大约有五六个小时，也可以一次睡几十分钟。

马的睡觉姿势

回头卧姿睡觉

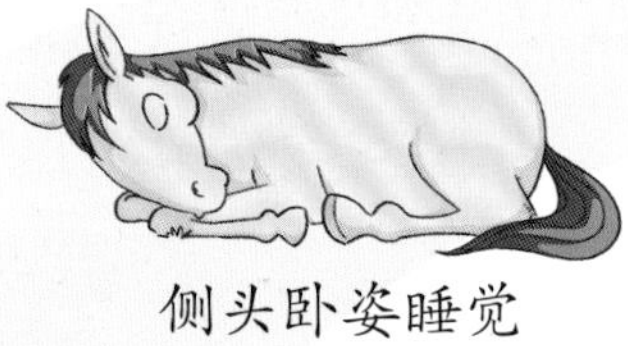

侧头卧姿睡觉

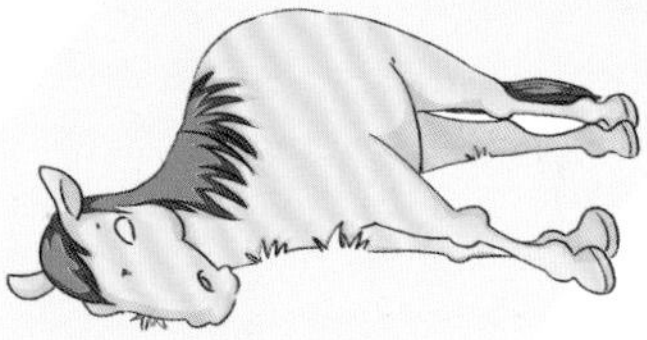

平躺姿势睡觉

站立打盹睡觉

探索早知道

马的食物主要是草类。由于马的身形庞大，需要吃很多草来获取必需的能量，而它们的胃比较小，进食特点是饱得快、饿得也快。所以，马只要有时间，就会不分昼夜地进食。自由生活的马每天吃草的时间可以长达12~16个小时。

马总是站着睡觉吗？它们喜欢吃什么？

马睡觉的姿势其实有很多，既可以卧着睡，也可以站着睡或侧躺着睡。它们会根据不同的环境状况选择不同的睡觉方式。马之所以站着睡觉是继承了祖先野马的生活习性。野马为了防范猛兽袭击，需要保持高度的警觉性，并做好随时逃跑的准备，所以才会站着睡觉。马只有在非常安心的情况下，才会侧身平躺着睡觉，大部分时间它们都是站着睡觉，尤其是在陌生的地方。小马驹则爱躺倒睡觉，与孩童一样，它们需要充足而良好的睡眠。

马喜欢吃新鲜美味的牧草，也吃树叶、胡萝卜、大麦、玉米和水果等。冬季主要以干草、麦秆一类的饲料为主，但需要补充水分，每天要饮用大约 30~50 升的水。

为什么需要给马蹄钉马蹄铁呢？

马趾骨的最外面包裹着一层坚硬的角质层，像人的指甲一样会不断生长，起保护或缓冲外部碰撞的作用。但马蹄长时间与地面摩擦，角质层就会被磨损或出现凹凸不平的现象，影响马的行走。后来，人们想出一种办法，在马的蹄子底部钉上一块厚铁片，相当于给马穿上了“铁鞋子”，这就是马蹄铁，又叫马掌。它不仅能保护马蹄，还能使马蹄更坚实地抓牢地面，让马跑得更快、更稳。马走路或奔跑能发出非常清脆的“嗒嗒嗒”声，就是因为蹄子上钉了马蹄铁。

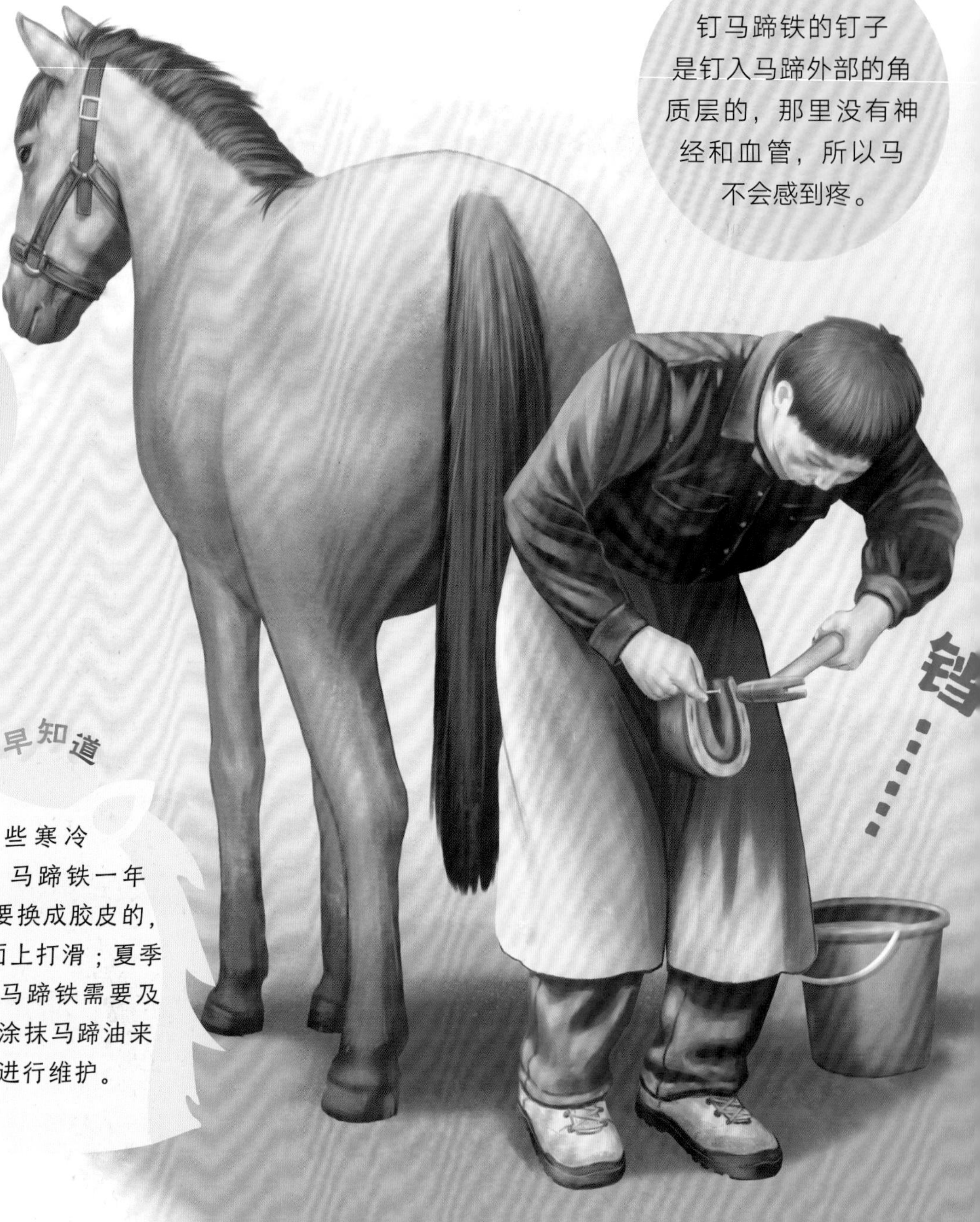

钉马蹄铁的钉子是钉入马蹄外部的角质层的，那里没有神经和血管，所以马不会感到疼。

制作马蹄铁和钉马蹄铁的人叫蹄铁匠。

探索早知道

在一些寒冷的地区，马蹄铁一年需要换两次，冬季要换成胶皮的，可防止马蹄在冰雪路面上打滑；夏季则换成铁的。此外，马蹄铁需要及时修补，有时还要涂抹马蹄油来进行维护。

马蹄的外形

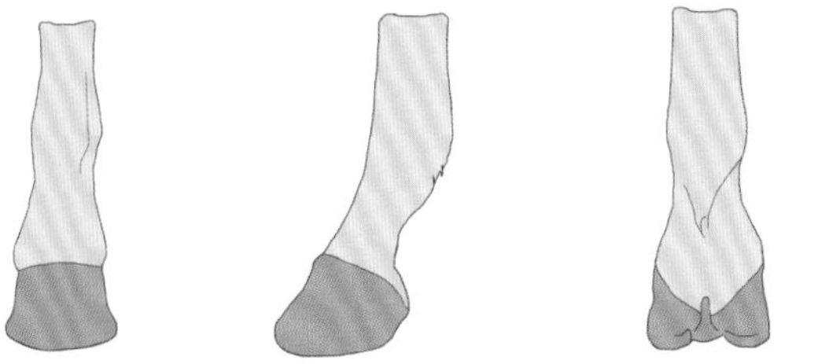

马蹄正面　　马蹄侧面　　马蹄后面

马蹄的角质层会不断生长，需要定期修剪，否则可能会变弯曲或劈开，影响马的行走和奔跑。

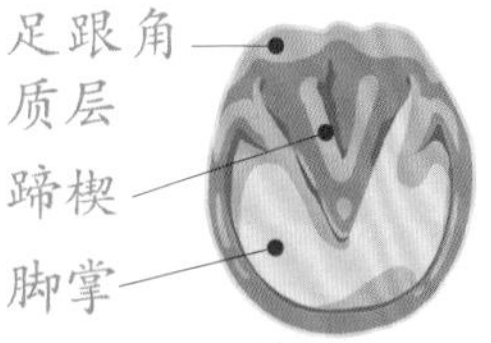

马蹄底部大致呈圆形，中间V形的蹄楔(xiē)在奔跑时起缓冲作用。

马蹄铁为一块圆弧状的金属片，上面有钉钉子的孔。

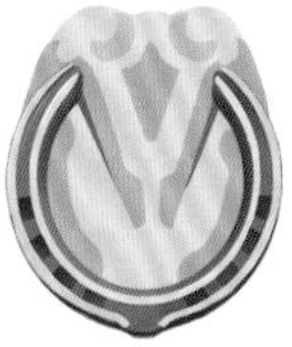

马蹄铁的大小要和马蹄的大小完美契合。

钉好啦！

马蹄的底部经过清理和修剪后，就能钉马蹄铁了。

应该不会。
钉马掌时马会不会疼啊？

为什么骑马需要马鞍和马镫？

人类最初骑马时是直接骑在马背上的。后来，为了使骑手不从马背上摔下来，同时也保护马背不受伤害，人们就发明了一种能固定在马背上，同时又能让骑手稳固骑坐的马具，这就是马鞍。马鞍在我国最早出现于春秋战国时期，只是样子比较简单，就是一块填充了羊毛的鞍垫。秦汉之后出现了高桥马鞍，并日趋完善，它两头高、中间低，很好地防止了骑手身体的前后滑动，起到纵向稳定的作用。

马镫是骑马时踏脚的马具，悬挂在马鞍两边。它不仅可以供骑手脚踩着上下马，而且人的双脚可以借助马镫控制身体的左右活动，起到横向平衡的作用，并能完成很多动作。最早的马镫大约出现在我国魏晋南北朝时期。

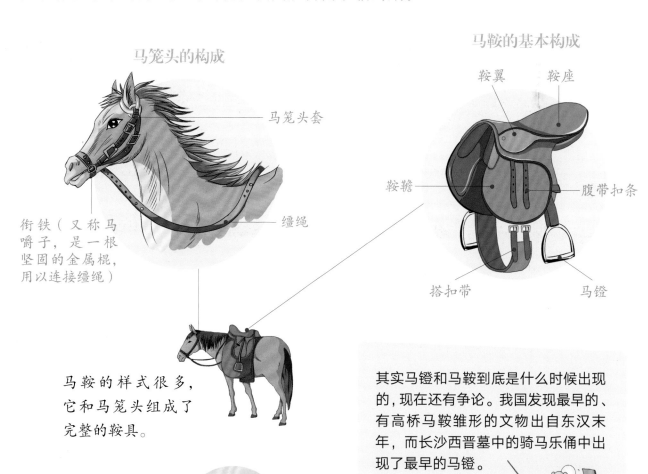

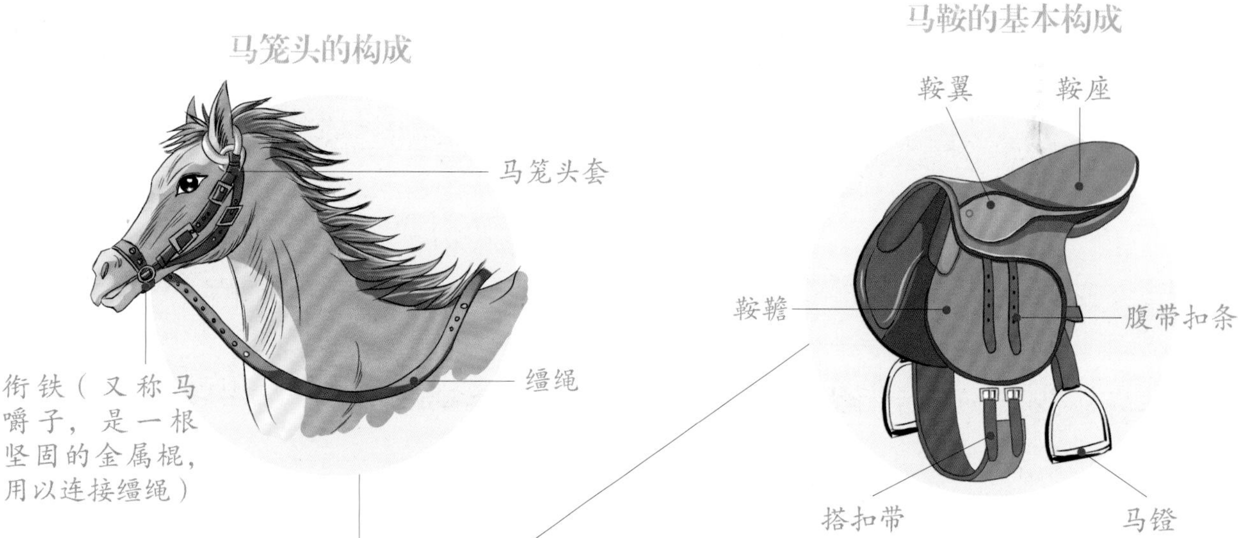

马鞍的样式很多，它和马笼头组成了完整的鞍具。

其实马镫和马鞍到底是什么时候出现的，现在还有争论。我国发现最早的、有高桥马鞍雏形的文物出自东汉末年，而长沙西晋墓中的骑马乐俑中出现了最早的马镫。

是不是很早就有马鞍和马镫了？

对于骑马的人来说，也要注意自身的安全，要佩戴头盔、手套，穿合适的服装以及鞋子。

马属这一马的家族里都有哪些成员呢？

马属这一马的家族里不光只有马这一类，还有生活在野外的野马、野驴和斑马等。我们就来认识一下它们吧。

马

家畜，2021 年联合国粮农组织统计家马品种有 696 个 。不同品种体形、大小相差悬殊。

蒙古马

阿拉伯马

汗血马

蒙古马、阿拉伯马和汗血马都是世界较为古老的马种。

纯血马

纯血马是人工培育出来的中短距离速度最快的马。

矮种马

矮种马是小型马的统称。

野马

欧洲野马已经灭绝，现在只有生活在我国西北及蒙古国一带的普氏野马了。

普氏野马

骡

是由驴和马所生的后代。

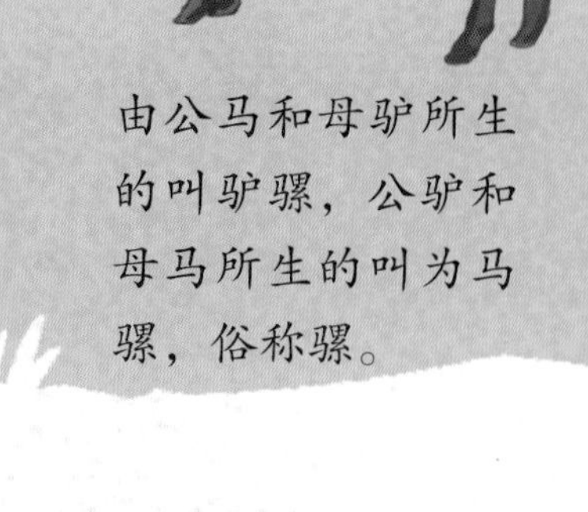

由公马和母驴所生的叫驴骡，公驴和母马所生的叫为马骡，俗称骡。

野驴

分为亚洲野驴和非洲野驴两类。

藏野驴

非洲野驴

斑马

因身上的斑纹而得名，生活在非洲，现存有3种。

平原斑马

山斑马

细纹斑马

家驴

主要由非洲野驴人工驯化而来。

袖珍小矮马

我是目前世界上体形最小的马，叫小矮马，即使成年了，身高也不到 1.06 米。我原本来自欧洲设特兰矮马家族，听说中国广西还有一种德保矮马也很棒。我们矮马虽小，但聪明温顺、吃苦耐劳，曾经也是人们劳作的好帮手，可以拉小车、驮运货物、供人乘骑，还能进入低矮的矿井坑道中工作……现在，我们仍然深受人们的喜爱，成了很多家庭的宠物，也是小朋友们学习骑马的最佳选择。

平均肩高约 1.2~2 米

正常马

小矮马

平均肩高小于 1.06 米

欧洲小矮马的故乡是英国的设特兰群岛，由 100 多个小岛组成。这里气候酷寒湿冷，植被稀疏，条件十分艰苦，矮马的祖先们为了生存下来，体形只能变得越来越小。

我国广西德保矮马，肩高 85~104 厘米，身材匀称，四肢结实，强健有力，简直就是缩小版的酷帅骏马。

欧洲的设特兰矮马大多肩高只有 60~85 厘米，有着毛茸茸的毛发、长长的鬃毛、胖乎乎的肚子、短短的四肢、蓬松的尾巴，就像毛绒玩具一样，非常可爱。

骑小矮马我一点儿都不怕。
萌！
我非常适合小朋友骑乘哦。

可爱的小矮马现在也成了很多家庭的宠物，也是小朋友们学习骑马的最佳坐骑。

斑马 条纹大衣的秘密

看我这身漂亮的条纹大衣，你们就知道我是谁了吧？我们斑马生活在非洲大草原上，与长颈鹿、大象、角马等很多食草动物为伴。它们为了应对狮子、猎豹等猛兽的袭击，大多会有与周围环境颜色相近的皮毛，而我们却穿着醒目的黑白条纹大衣。为什么呢？这里面可是有秘密的哦。

秘密1 每一只斑马都有不同的条纹图案，它们通过条纹相互辨认。

秘密2 当一群斑马在一起行走或奔跑时，它们身上的条纹会产生“移动”的感觉。这会使狮子、猎豹等的视觉模糊，不易判断与单只斑马的距离。

秘密3 条纹会干扰草原上的吸血蚊虫对光的感受，从而起到驱赶蚊虫的作用。

我们的条纹大衣可以起到保护作用！
妈妈，我们为什么要长这样显眼的条纹？狮子一下就能发现我们了呀！

秘密**4** 条纹能够散热。在太阳光下，黑色条纹吸收的热量要比白色条纹多，一黑一白会形成温度差，这样就会在斑马身体周围形成一种空气对流，从而带走一些热量。

非洲的三种斑马

平原斑马

最常见的斑马，体形中等，条纹由蹄至腿，延伸至腹部直至全身。主要生活在非洲南部和东部的草原、树林中。

山斑马

目前体形最小的斑马，长着一对醒目的长耳朵，除腹部外，全身密布宽的黑条纹。主要生活在非洲的西南部山岳地带。

细纹斑马

目前体形最大的斑马，全身条纹细而密，耳朵大而圆。主要生活在非洲东部的半荒漠地带。

聪明能干的小毛驴

我是小毛驴，是马的亲戚，只是没有它们那么威风健壮、奔跑如风。我们驴最早是在大约 7000 年前，在非洲从野驴驯化而来的。看我稍显矮小的身材、大长脸，再配上长耳朵、厚嘴唇和大眼睛，是不是也很可爱？当然了，我的同类中还是有一些很高大的品种，比如关中驴、德州驴等，它们的个子快赶上马了。不过，别看我身材短小，我能帮人干的事可多着呢，不信，你看……

驴的体格健壮，不容易生病，还特别能吃苦耐劳，温顺听话，又不挑食，饲养起来比马要容易多了。我国新疆地区早在 4000 年前就开始养驴了，汉代时，西域的驴通过丝绸之路进入了中原地区，并由此扩散开来，各地也繁育出了不同的地方驴种。

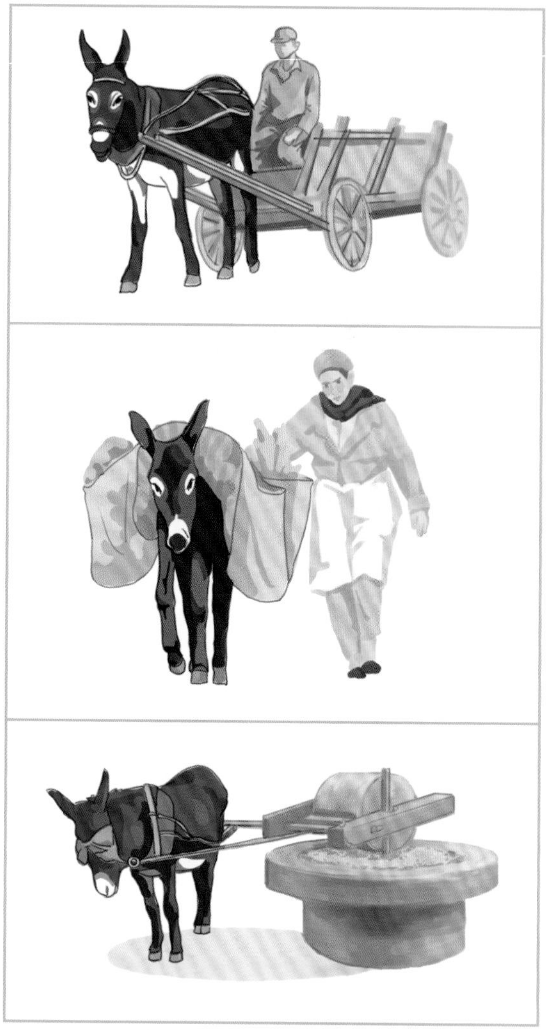

驴非常勤劳，可以帮人耕作，还可以供人乘骑、驮运物资、拉磨等，是农村地区比较常见的家畜。

藏野驴是目前世界上体形最大的野驴，主要生活在我国青藏高原的荒漠之中，体形要比家驴大上许多，可以说是“高头大驴”。

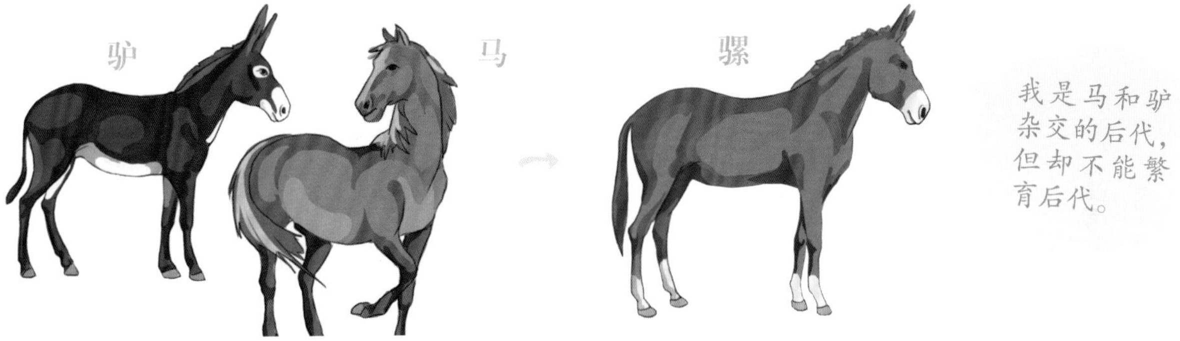

驴
马
骡
我是马和驴杂交的后代，但却不能繁育后代。

骡子是驴和马杂交所孕育的品种，结合了驴和马双方的优点，身高体壮，力气很大，耐力很强，性格温驯，所以常用来干一些力气活，如耕地、拉大车、驮载重物等。

黔驴技穷

贵州，古称“黔 (qián)”。相传古时贵州没有驴，有人用船从外地运来一只驴，但驴在贵州没有可以发挥作用的地方，就将它放归到山下。山中老虎见驴的体形庞大，只敢在林间偷窥。一天听到驴响亮的叫声，老虎被吓得远远躲开。后来，老虎壮着胆子，故意靠近戏弄驴。驴非常生气，用蹄子去踢老虎。老虎知道了驴只有这一种本领，就不再害怕，扑上去咬死了它。

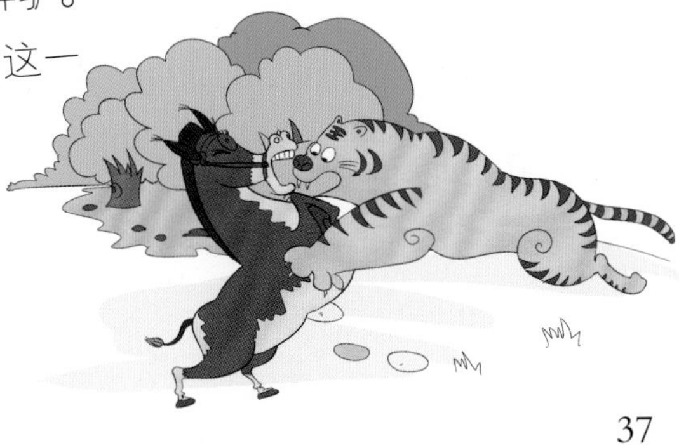

“黔驴技穷”是一个成语，意思是驴子的本领一下就用完了，比喻人的本领很少。这个故事告诉我们必须学到真正的本领才能保护自己。

国宝 马踏飞燕

1969年甘肃省武威雷台汉墓出土了一批文物，其中有一套铸造精美的铜车马仪仗俑，共有99件。在车马队列最前方的是一尊铜奔马，造型非常精巧，被当时的文物专家冠以“马踏飞燕”的名字，并流传四海。它是东汉时期的艺术珍品，距今已有约1800年的历史，是我国古代青铜器工艺的杰出代表。现在，“马踏飞燕”已被中国文化和旅游部确定为中国旅游标志了。

马头微微左歪，嘴巴张开，有些吃惊地往下看，头顶的一缕鬃毛向后飞扬
我歪着头是在看脚下踩着的这只飞鸟，有人说它是风神龙雀，所以又把我们整体称作——马超龙雀。
身后的马尾也向后方飘飞
长45厘米
高34.5厘米
宽13厘米
重7.15千克
奔跑的姿势是西北良马的“对侧步”，即同一侧的两条腿同时向前或向后运动，姿态轻盈平稳
右后蹄轻踏在一只飞鸟背上
飞鸟有着大大的眼圈，灵活的脖子，翅端有长羽，尾巴末端还有一个未透的小孔，这些都表明这很可能是一只驯养的猎鹰哦

正侧面观　　右面观　　后面观

生肖马的来历

小朋友都知道自己的属相，有的属羊，有的属猴，有的属马……那生肖马是怎么来的呢?

传说马原本有双翅，叫天马，能耐可大了，并且成了玉帝的御马。可天马却因此日渐骄横，经常胡作非为。有一次，它跑到东海龙宫，踢死了神龟，闯下了大祸，玉帝很生气，削去了它的双翅，将它压在昆仑山下。直到 200 多年后，人祖（人类的始祖）才将它救了出来。

天马为了答谢人祖的救命之恩，便同人祖一起来到人世间，终生为人类效劳。它平时耕地拉车、驮物，任劳任怨；在战时，又披甲背鞍，同主人征战沙场，出生入死。从此，马和人类就成了形影不离的好朋友。后来，当玉帝挑选十二种动物当生肖时，因马能立功赎罪，对人类很有帮助，于是允许马成为十二生肖之一。

马帮人类干了不少事，也可以成为生肖。
多谢玉帝！

马头琴的传说

从前，在内蒙古大草原上，有一个叫苏和的牧童。有一天，他救下了一匹失去了妈妈的小马驹，悉心照顾，一人一马成了形影不离的好朋友。后来，小马驹长成了一匹又漂亮又威风的大白马。

有一年，在王爷举行的赛马大会上，苏和与大白马夺得了第一名。王爷心生贪念，夺了大白马，赶走了苏和。一天，王爷想要骑大白马，却不料被它摔下马背。大白马挣脱了束缚后，撒腿就往苏和家的方向跑去。

王爷气坏了，命手下人放箭射死大白马。大白马的身上中了六七箭，鲜血直流，但它仍然拼命地往苏和家的方向奔跑着，一步也没有停下。终于到苏和家了，大白马倒地不起，最终死在了自己主人的怀里。

大白马死后，苏和伤心极了，茶饭不思。有一天，他梦见大白马说：“主人啊，用我的筋骨做一把琴吧，这样我就永远不会离开你了。”于是，苏和就用大白马的筋骨做了一把琴，并将琴头雕刻成白马头的样子，起名叫“马头琴”。从此，他把琴一直带在身边，每当想念大白马时，他就拉起马头琴，那悠扬又略带忧伤的琴声给他带来莫大的安慰。后来，马头琴便成了蒙古族人民非常喜爱的乐器了。

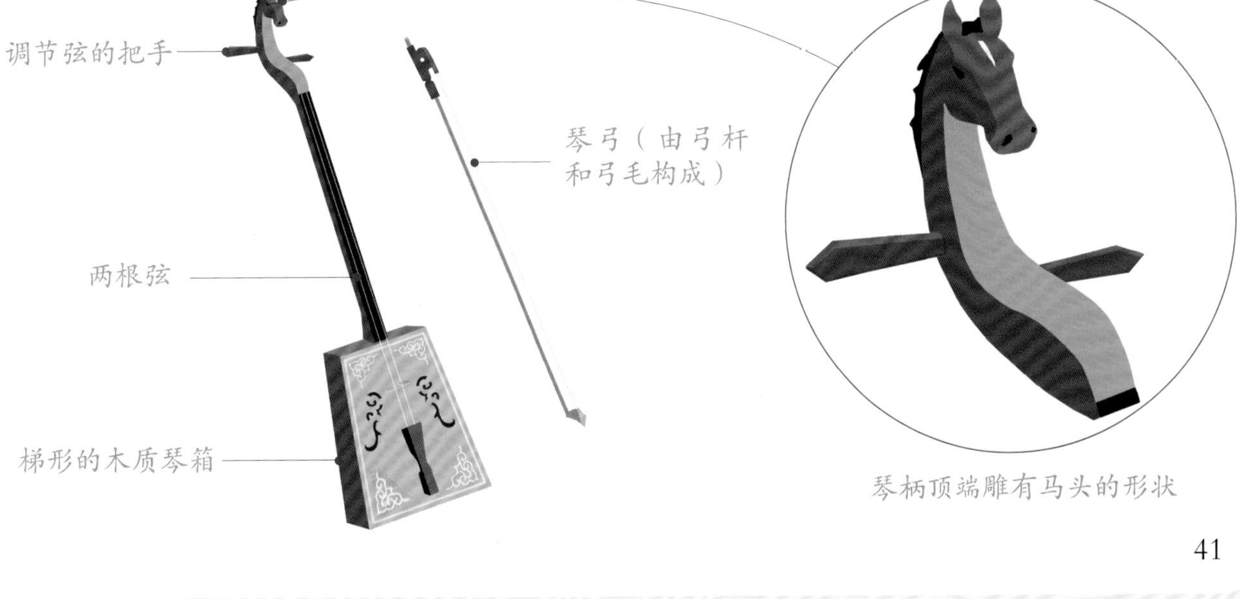

名诗中的马

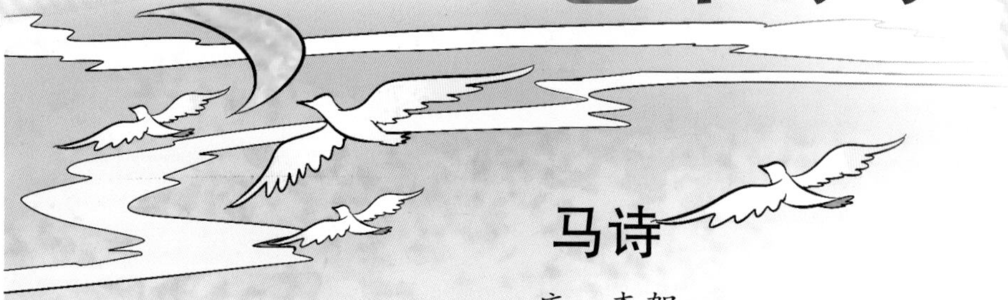

马诗

唐·李贺

dà mò shā rú xuě
大漠沙如雪，

yān shān yuè sì gōu
燕山月似钩。

hé dāng jīn luò nǎo
何当金络脑，

kuài zǒu tà qīng qiū
快走踏清秋。

燕山：一说为燕然山，这里比喻边塞。

金络脑：也称金络头，黄金装饰的马笼头。

译文 月光下被万里平沙覆盖的大漠，像铺上一层白皑皑的霜雪。连绵的燕山上一弯明月当空，如弯钩一般。什么时候才能给它戴上金络头，在秋高气爽的疆场上驰骋，建立功勋呢？

诗意 李贺是唐代诗人，因为他的诗想象奇特、有鬼才，所以大家又叫他“诗鬼”。李贺一共写过23首《马诗》，这里是第5首。诗人借马抒情，表达了自己希望为国建立功业的情怀。可是，他并不受统治者的赏识，怀才不遇，就像这匹等着上战场的马一样。

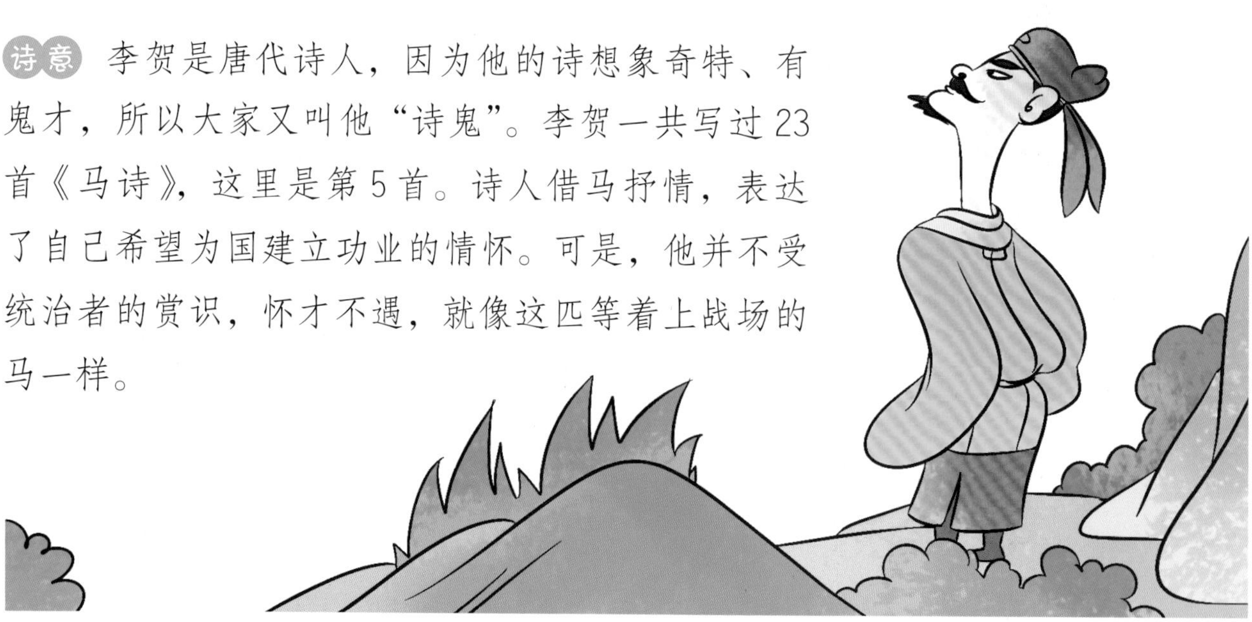

名画中的马

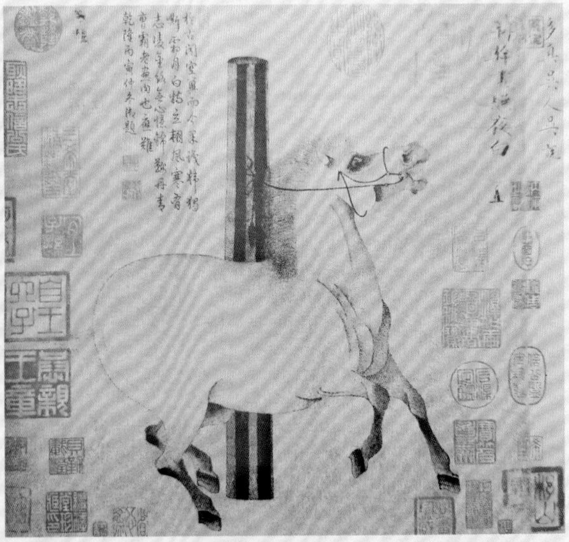

卷轴　纸本　纵 30.8 厘米　横 33.5 厘米
现藏纽约大都会艺术博物馆

《照夜白图》

唐 · 韩幹

画家韩幹 (gàn) 被誉为“唐代画马第一人”，他画的传世杰作《照夜白图》，一直被奉为画中珍宝。“照夜白”是唐玄宗的一匹爱马，身形高大，毛色雪白。画中这匹马正昂首嘶鸣，仿佛想要挣脱束缚去自由驰骋。

立轴　纸本　纵 326 厘米
横 112 厘米
现藏宜兴徐悲鸿纪念馆

《奔马图》

现代 · 徐悲鸿

现代画家徐悲鸿以画马著称于世，他笔下的马总是充满动人心魄的力量。1941 年，抗日战争到了关键时期。当时，徐悲鸿正在马来西亚举办展览进行抗日募 (mù) 捐，却听到了长沙失守的消息。他忧心如焚，连夜画出了这幅《奔马图》，用饱满奔放的墨色勾勒了一匹气势雄壮、四蹄生风的骏马，展示出一股巨大的力量，表达了中国人民不会屈服的信念。

成语故事中的马

塞翁失马

在靠近边塞的地区有一位擅长卜算的老者，一天他家的马无缘无故地跑到了胡人的地界。人们听说后都来安慰，老者说：“这为什么就不能算一件好事呢？”

几个月之后，走失的马竟然带着胡人的骏马回来了。人们听说后又来祝贺，老者却说：“这为什么就不算一件坏事呢？”由于家中有多匹好马，而老者的儿子又爱好骑马，结果在骑马时从马上摔下来摔折了大腿。人们听说这件事后前来安慰，老者说：“这为什么不算一件好事呢？”

快走，快走，赶紧去参战。
你的腿摔断了也不一定是坏事。

过了一年，胡人大举入侵边塞，所有的青壮年都拿起武器去参加战争。但靠近边塞这一带的青壮年，十有八九都战死沙场，唯独老者的儿子因为腿瘸而被免于征役，父子二人得以保全性命。

故事小启示

“塞翁失马”常与“焉知非福”连用，说的是在一定的条件下，坏事和好事会相互转换。所以，我们平时无论成功或失败，都应保持平常心，做到失败时不消沉，成功时不陶醉。

老马识途

春秋时期，齐桓公率领大军讨伐北方的孤竹国，春天的时候出征，冬天的时候返程，但大军在归途中迷失了道路。随齐桓公一起出征的大臣管仲说：“可以利用老马的才智来引路。”于是放开老马的缰绳让其前行，大军跟随其后，果然就找到路了。

故事小启示

“老马识途”用来比喻年长的人富有经验，熟悉情况。我们在学习和生活中，遇到问题应该虚心请教有经验的人，这样会让我们少走很多弯路哦。

跟着老马走就行了。
果然跟着老马就找到路了。

一字一探索 遨游汉语馆

马的汉语乐园

学说词组

zōng
鬃　马脖颈上的长毛。

pǐ
匹　马的统称。

tí
蹄　马的蹄子。

jū
驹　幼小的马。

xì
戏　是杂技节目之一。原指人骑在马上所做的表演，现为各种经过训练的野兽、禽类的表演。

马

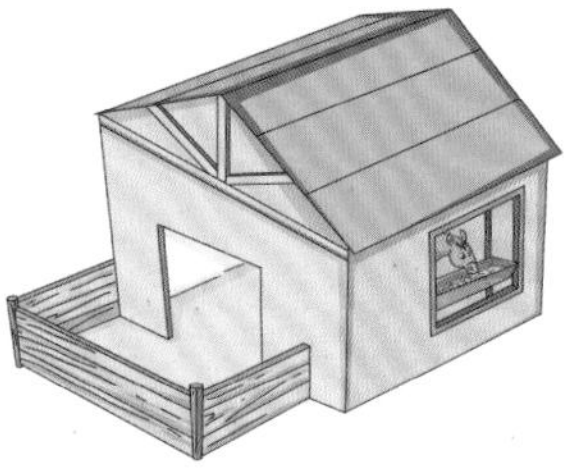

jiù
厩　饲养马的房子或棚子。也叫马圈（juàn）。

chē
车　用马拉的载人或运货的车。

guà
褂　马褂是一种穿于袍服外的短衣，衣长至脐，袖仅遮肘。因穿之便于骑马而得名，也称短褂。流行于我国清朝时期 。

shù
术　比赛骑马或驾驭马车的技巧或速度的体育运动。比赛项目包括三日赛、盛装舞步、超越障碍等。

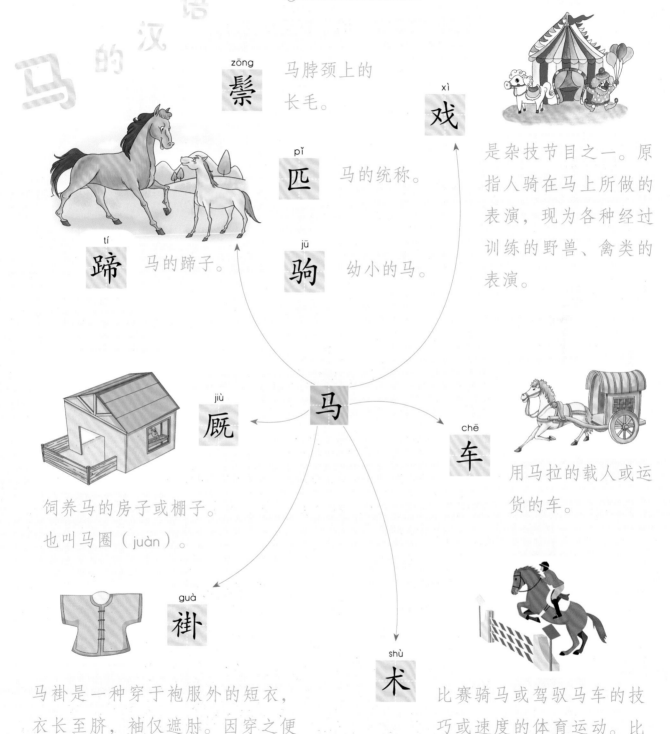

学说成语

mǎ mǎ hǔ hǔ
马马虎虎
形容做事不认真，草率敷衍。也指勉强凑合。

lǎo mǎ shí tú
老马识途
老马能辨识走过的路。比喻阅历多、经验丰富的人，在工作中能起引导作用。

mǎ dào chénggōng
马到成功
战马一到阵前就取胜。比喻迅速取得成功或得到成效。

chē shuǐ mǎ lóng
车水马龙
车辆来往不断像流水，马群首尾相接像游龙。形容车马往来不绝的热闹情景。

rén yǎng mǎ fān
人仰马翻
人马被打得仰翻在地。形容被打得惨败。也比喻乱得一塌糊涂、不可收拾。

hàn mǎ gōng láo
汗马功劳
汗马：战马累得出汗，比喻将士征战劳苦。原指在战场上建功立业。现泛指在工作中做出大的成绩或贡献。

hài qún zhī mǎ
害群之马
原指危害马群的劣马。现比喻危害集体或社会的坏人。

qiān jūn wàn mǎ
千军万马
千、万：言其多。成千上万的兵马。形容兵马很多，声势浩大。

治理天下就像牧马，把其中的害群之马除去就可以了。
请问，该如何治理天下？

dān qiāng pǐ mǎ
单枪匹马
一支枪，一匹马。比喻孤身一人或单独行动。

学说谚语

马好不在鞍，人美不在衫

一匹马是优是劣，不是根据马鞍是否漂亮来判断的；一个人是美还是不美，不是根据衣服是否华丽来判断的。

人要志气，马要精神

人要有志气才可能大有作为，就像马有了精神才能纵横驰骋一样。

马有失蹄，人有失足

人难免一时糊涂做下错事，就像马偶尔会失蹄跌倒一样。劝诫人们，做了错事悔过改正就好，不要有太多思想负担。

人贫志短，马瘦毛长

人的处境窘迫，志向就会变小；马瘦了，毛就显得长了。指环境对人的影响很大。

学说歇后语

佘太君挂帅——马到成功

佘太君：评书演义中有名的女将，曾在年老时挂帅出征并成功击退敌人。比喻迅速获得了成功。

塞翁失马——因祸得福

比喻坏事在一定条件下可以变成好事。

骑马逛公园——走马观花

比喻粗略地观察事物。

探索早知道

唐代诗人孟郊，年轻时多次进京赶考都屡试不中，直到46岁那年才考中进士。多年的努力终于有所成就，他按捺不住心中的欣喜之情，作了一首诗《登科后》:“昔日龌龊（wò chuò）不足夸，今朝放荡思无涯。春风得意马蹄疾，一日看尽长安花。”意思是迎着春风策马得意地奔驰，一天之内看完了长安城的春花。“走马观花”“春风得意”两个成语就出自这首诗。

马的各种称谓

马不同身高的称谓

骄 jiāo，指身高六尺的马。

駥 róng，指身高八尺的马，也叫龙马。

驾车的马不同称谓

骈 pián，指两匹马并驾一车。

骖 cān，指三匹马并驾一车。

驷 sì，指四匹马并驾一车。

马不同颜色的称谓

骊 lí，指纯黑色的马。

骢 cōng，指青白色的马。

骝 liú，指黑鬣黑尾巴的红马。

骆 luò，指黑鬃的白马。

马不同品质的称谓

骏 jùn，指良马、好马。

骥 jì，指好马。

驽 nú，指走不快的马，劣马。

骀 tái，指劣马。

探索早知道

“一言既出，驷马难追”是个成语，意思是一句话说出口，四匹马拉的车也追不回。形容话一经说出，便无法收回。也表示说话算数，绝不反悔。

秦始皇陵一号铜车马就是驷马之车，代表皇帝的座驾。

“马”用作偏旁所构成的汉字，其含义多与马匹及其用途相关，如：骏、驾、骑、驶、驰、驯等。这些字都被收在字典中的“马”部。

“骏”字右边的“夋（qūn）”作声旁，有行动敏捷的意思。因此，“骏”字的本义是善于奔驰的良马。

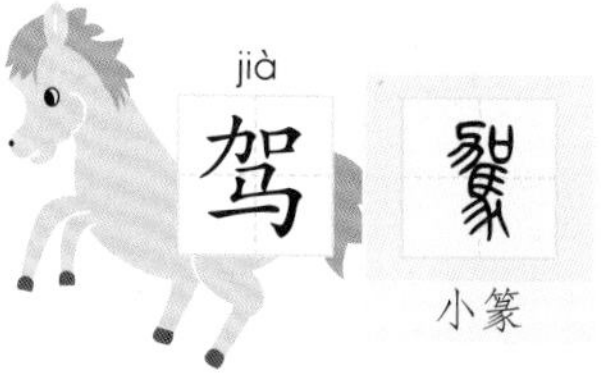

“驾”字由“加”和“马”两部分组成，“加”是声旁，“马”是形旁。“驾”字的本义是把车具套加在马身上，使其拉动车子，后引申指车乘、操纵等义。还可以借用为对人的敬辞，如“劳驾”；还可以特指古代帝王的行驾，借指帝王。

qí 骑 小篆

“骑”字由“马”和“奇”组成，“马”是形旁，“奇”是声旁。“骑”字的本义是跨坐在马背上，后泛指两腿跨坐的动作，如“骑自行车”。

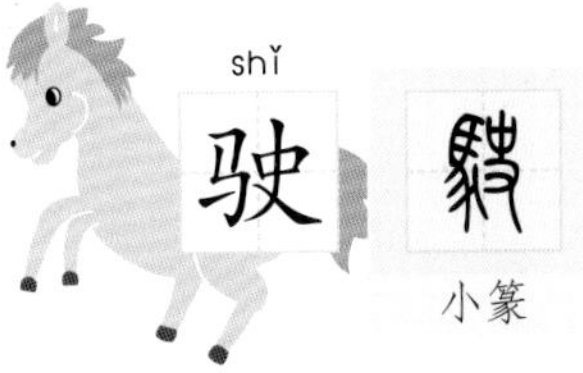

shǐ 驶 小篆

“驶”字右边的“史”用作声旁，古文字的“史”同“吏”。“吏”古代指官员。因办理公务而骑马或乘马，有快速的意思，因此，“驶”的本义是马快速奔跑，引申为使行动、开动。

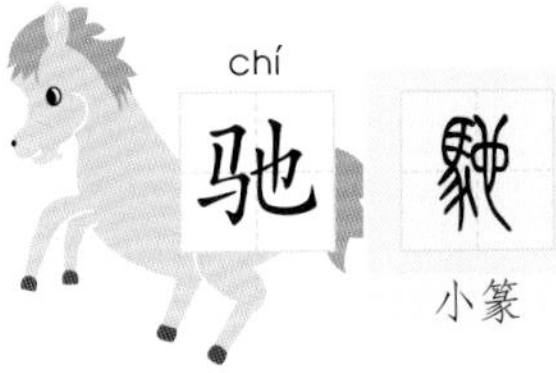

chí 驰 小篆

“驰”字右边的“也”是声旁，还有像蛇一样快速行走的意思。因此，“驰”的本义是使劲驱赶车、马等跑得很快。

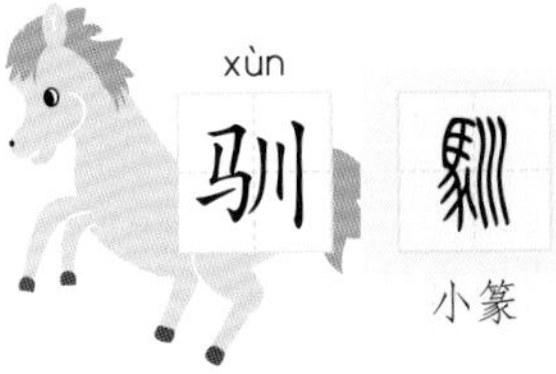

xùn 驯 小篆

“驯”字右边的“川”原本表示河流，有顺从河道而流的意思。因此，“驯”的本义是马驯服、顺从。

游戏
实验馆

做一盏走马灯吧

走马灯是一种民间彩灯，灯内有一个小轮，灯壁上贴有纸剪的人、马等图案。灯内点燃蜡烛，小轮就会转动起来，灯壁上的纸像也就旋转起来了。很有意思。

我们现在也来做个简单版的走马灯吧。

实验材料

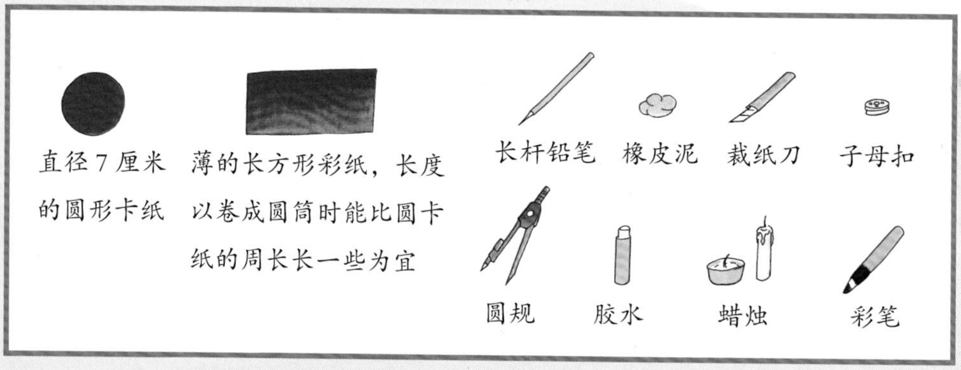

实验步骤

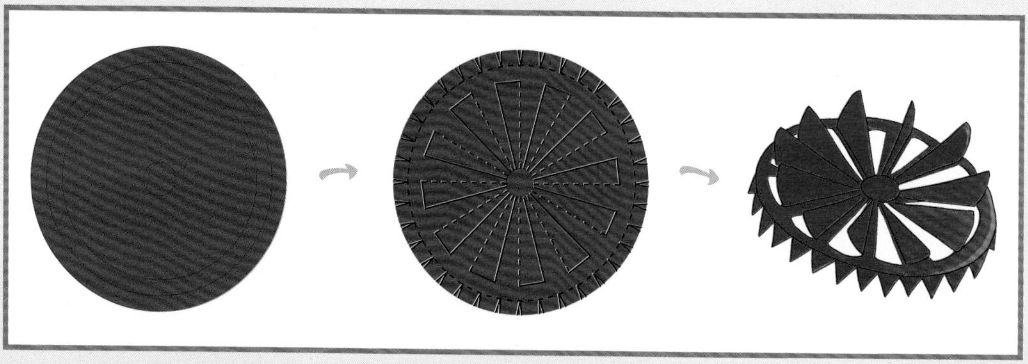

1. 在圆卡纸上分别画半径为6厘米、5厘米和1.5厘米的同心圆。如上图所示把中间的圆环12等分，沿实线用裁纸刀切开，虚线部分沿同一方向折起，做成风轮的样子。外围一圈剪出锯齿状并向下折起。

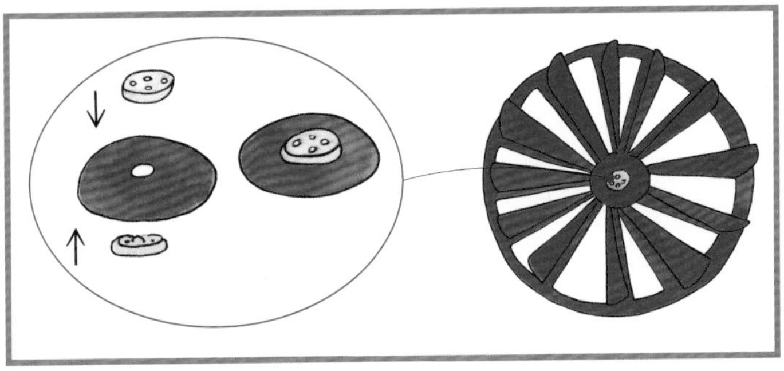

2. 在风轮中间的圆心部分打一个小孔，分别从风轮的上面和下面扣上子母扣，这样灯的顶盖就完成了。

3. 在准备好的薄彩纸上用彩笔画出小动物的形象，也可以直接贴上动物小贴纸或剪纸。彩纸的上、下端可用其他颜色的彩纸装饰一下。

4. 把薄彩纸仔细粘贴在顶盖的锯齿上，接口处用胶水粘好，做成一个带盖的圆筒（如左图所示）。

5. 将长杆铅笔用橡皮泥固定在台面上，笔尖朝上（如右图所示）。

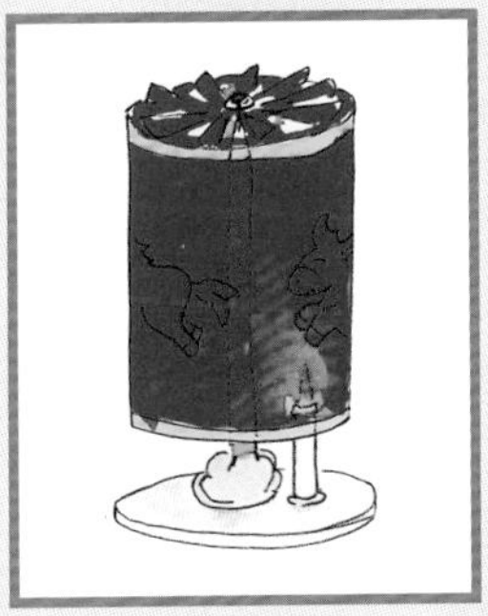

6. 将带盖的圆筒内部的子母扣对准笔尖套上去放好，然后在台面上靠近笔杆的地方放上点燃的蜡烛（如左图所示，蜡烛的上半部分要罩在圆筒里）。蜡烛一定不要太靠近圆筒，以免将其点燃。

一定要注意安全哦！

特别提醒：因为要用裁纸刀和蜡烛，所以小朋友们一定要在家长的协助下来完成实验哦。

实验结论

看，走马灯是不是转起来了？这是因为燃烧的蜡烛加热了圆筒里的空气，空气受热上升引起空气对流，便推动了圆筒上的风轮，从而带动圆筒转了起来。

马知识大挑战

看一看，想一想，哪些对，哪些错？一起来打“√”和“×”吧。

1. 马的视力非常好，可以很清楚地看到远处的敌人。（　　）
2. 马之所以跑得很快，是因为它们的后腿肌肉十分发达。（　　）
3. 我们可以通过马的身高来判断它们的年龄。（　　）
4. 马非常聪明，可以听得懂主人说的话，而且胆子很大。（　　）
5. 给马蹄钉上马掌，是为了保护马蹄。（　　）
6. 无论是大马还是小马，都是站着睡觉的。（　　）
7. 骡子是马和驴的后代，它们自己也能繁育后代。（　　）
8. 每一匹斑马身上的条纹都是不一样的，就像人的指纹一样。（　　）

马知识大挑战答案

1 ×。马的视力不好，看不清远处的东西。 2 √。 3 ×。一般是通过马的牙齿来看年龄。 4 ×。马的胆子很小，也听不懂主人说的话。 5 √。 6 ×。小马喜欢躺着睡，大马的睡姿也很多。 7 ×。骡子无法繁育后代。 8 √。

词汇表

家畜（jiāchù） 指由人类驯化、饲养，用来满足劳动、毛皮、食用等不同目的的动物，如猪、牛、羊、马、骆驼、家兔等都是家畜。

演化（yǎnhuà） 指动植物的群体为了适应环境的变化或者与其他物种竞争，进化出新的特征，并能遗传给下一代。

退化（tuìhuà） 这里指原本茂密的森林因气候变化、火灾或者过度砍伐等，高大的树木渐渐消失，植物开始变成低矮的灌木，又渐渐变成草原的过程。

肩高（jiāngāo） 指马直立在平地上时，它的前蹄底部至肩峰（马肩胛骨隆起的最高处）的高度。人们在测量马的身高时，不是测量它头部的高度，而是以肩高为准。

肌腱（jījiàn） 是一种连接肌肉和骨骼、能够传导肌肉所产生的力量的纤维组织。

韧带（rèndài） 是人和动物体内一种白色带状的纤维组织，很坚韧，有弹性，能把骨骼连接在一起，并能固定内脏的位置。

驮运（tuóyùn） 马、驴等牲畜用背驮着东西进行运输。

灵性（língxìng） 指一些动物经过人们的驯养和训练后，所具有的聪明智慧。

口令（kǒulìng） 这里指人在训练动物时从嘴里发出的命令，要求简短明确。

条件反射（tiáojiàn fǎnshè） 这里指动物通过学习和训练而建立起的一种后天性反射。如经过训练的狗听到哨声就知道开饭了，看到主人伸出手时就知道要握手了。

免疫力（miǎnyìlì） 指人或动物抵抗疾病、微生物或毒素的能力。

超声波（chāoshēngbō） 是一种频率高出人耳能听到声波之上的声波，广泛地存在于自然界，许多动物都能发射和接收超声波，如蝙蝠。

臼齿（jiùchǐ） 又称槽牙，是位于口腔后方两侧较大的牙齿，顶部不平，很适于磨碎食物。

犬齿（quǎnchǐ） 又称犬牙，是长在门齿两侧长而尖的牙齿。

图书在版编目（CIP）数据

奔驰的骏马 / 小学童探索百科编委会著；探索百科插画组绘 . -- 北京 : 北京日报出版社 , 2023.8
（小学童 . 探索百科博物馆系列）
ISBN 978-7-5477-4410-9

Ⅰ . ①奔… Ⅱ . ①小… ②探… Ⅲ . ①马—儿童读物 Ⅳ . ① Q959.843-49

中国版本图书馆 CIP 数据核字 (2022) 第 192917 号

奔驰的骏马
小学童 . 探索百科博物馆系列

出版发行：北京日报出版社
地　　址：北京市东城区东单三条 8-16 号 东方广场东配楼四层
邮　　编：100005
电　　话：发行部：（010）65255876
　　　　　总编室：（010）65252135
印　　刷：天津创先河普业印刷有限公司
经　　销：各地新华书店
版　　次：2023 年 8 月第 1 版
　　　　　2023 年 8 月第 1 次印刷
开　　本：889 毫米 ×1194 毫米　1/16
总 印 张：36
总 字 数：529 千字
定　　价：498.00 元（全 10 册）